L'EUCALYPTUS GLOBULUS

SON IMPORTANCE
EN AGRICULTURE, EN HYGIÈNE ET EN MÉDECINE

PAR

LE Dr GIMBERT
DE CANNES
LAURÉAT DE LA FACULTÉ DE MÉDECINE DE PARIS
(MÉDAILLE HORS LIGNE) MENTION DE L'INSTITUT
MEMBRE CORRESPONDANT DES SOCIÉTÉS DE THÉRAPEUTIQUE
DE MICROGRAPHIE DE PARIS

PREMIÈRE PARTIE

A PARIS
LIBRAIRIE ADRIEN DELAHAYE
Place de l'École de Médecine
A CANNES
CHEZ FERRAND, LIBRAIRE
1870

L'EUCALYPTUS GLOBULUS

L'EUCALYPTUS GLOBULUS

SON IMPORTANCE
EN AGRICULTURE, EN HYGIÈNE ET EN MÉDECINE

PAR

LE Dʳ GIMBERT

DE CANNES

LAURÉAT DE LA FACULTÉ DE MÉDECINE DE PARIS
(MÉDAILLE HORS LIGNE) MENTION DE L'INSTITUT
MEMBRE CORRESPONDANT DES SOCIÉTÉS DE THÉRAPEUTIQUE
DE MICROGRAPHIE DE PARIS

PREMIÈRE PARTIE

A PARIS
LIBRAIRIE ADRIEN DELAHAYE
Place de l'École de Médecine.

A CANNES
CHEZ FERRAND, LIBRAIRE.

1870

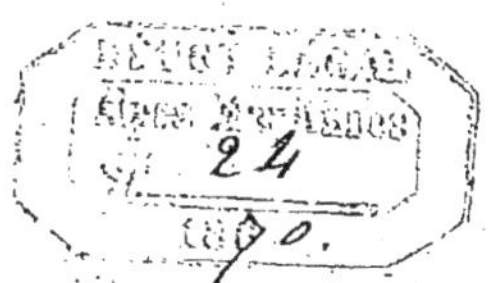

PRÉFACE

Ce travail n'est que la préface d'une série de publications que nous espérons faire paraître successivement sur les propriétés physiologiques et thérapeutiques de certains produits de l'*Eucalyptus globulus*.

Avant de pénétrer dans le domaine médical, qui est le nôtre, il nous a paru utile de résumer dans cette étude préliminaire, les documents qui, bien que connus déjà, pouvaient éclairer l'étude de cet arbre, et d'y ajouter nos recherches personnelles, afin de montrer ce qu'il est aujourd'hui, ce qu'il doit être à l'avenir.

L'acclimatation de l'*Eucalyptus globulus* dans le sud de l'Europe est, à notre avis, un évènement de la plus grande importance économique. Peu d'arbres en effet méritent de préoccuper autant les esprits amis du progrès. Par sa nature, ses proportions gigantesques, par la durée et la résistance de son bois, qualités qui accompagnent rarement une croissance rapide, par la rapidité de son développement, ses propriétés médicales, sa valeur industrielle et agricole, l'*Eucalyptus globulus* répond à une foule de besoins du premier ordre. Grâce à ce végétal, on pourra voir se reconstituer à vue d'œil nos forêts qui s'épuisent, disparaître les miasmes des pays malsains et s'opérer une révolution heureuse dans l'industrie du bois. Le commerce, l'agriculture, la médecine les sociétés lui seront redevables des plus grands bienfaits.

Arbre généreux avant tout, évoluant avec une énergie qui semble faire fi du temps, l'*Eucalyptus* donne aujourd'hui ce qu'on lui a pris la veille et promet de ramener le calme dans ces esprits timorés qui, oubliant de compter avec l'intelligence de l'homme, tremblent pour l'avenir de l'humanité toutes les fois qu'ils voient une mine de charbon s'épuiser, une forêt disparaître.

Ces généralités feront comprendre au lecteur pourquoi nous avons entrepris la solution des intéressants problèmes que fait surgir l'étude de l'*Eucalyptus*, et si dans cette première partie qui n'est pas médicale, en dépit d'une attention soutenue, il s'est glissé quelque erreur, nous avons du moins la conscience d'avoir donné, sans réserve, à cette œuvre, notre temps, nos réflexions et toute notre sincérité.

L'EUCALYPTUS GLOBULUS

CHAPITRE Ier.

Histoire de la découverte de l'Eucalyptus globulus, ses caractères botaniques, et ses propriétés.

La découverte de l'*Eucalyptus globulus*, remonte au siècle dernier. C'est le 6 mai 1792, que ce magnifique végétal fut remarqué pour la première fois sur la terre de Van-Diemen, par Labillardière, allant avec Entrecasteaux à la recherche du malheureux Lapeyrouse. Dans le récit de son voyage, ce savant exprime les sentiments d'admiration que lui fit éprouver la vue de ce beau spécimen de la végétation Australienne et en donne une description qui, bien qu'écourtée, permet de reconnaître qu'il en avait déjà pressenti l'importance économique. La voix de Labillardière est restée jusqu'à ces dernières années sans écho, et on peut dire avec raison que pour l'Europe, l'*Eucalyptus globulus* n'est encore qu'un objet de curiosité botanique.

Par contre, les colons Australiens, très bien inspirés, ont exploité de suite les forêts immenses qu'il forme, et ils recueillent aujourd'hui largement les fruits de leurs essais.

Depuis quelques années cependant, différents auteurs ont appelé l'attention sur cet arbre. Un grand nombre de botanistes l'ont décrit, mais la description la plus complète a été donnée par le Dr Muller, directeur du jardin botanique de Melbourne. A côté de l'énumération détaillée de ses caractères botaniques, il y signale en passant les avantages économiques qu'on en retire. Nous ne saurions mieux faire que de lui céder la plume. (1)

« L'*Eucalyptus globulus* (2) est un arbre très élevé, à rameaux tetragones au sommet. Ses feuilles les plus jeunes sont subcordiformes, opposées ; les autres alternes, diversement pétiolées, coriaces, unicolores, comme vernies, aiguës et souvent un peu contournées en faux depuis la base, ou étroitement lancéolées, allongées en mucrone et couvertes de nervures pennées, saillantes : les nervures de la circonférence sont éloignées des bords. Les fleurs sont axillaires, geminées ou ternées, sessiles ou munies d'un pédoncule court, large, comprimé. Les boutons floraux sont pruineux, verruqueux, rides ou presque lisses, à double opercule. Le tube du calice est souvent hémisphérique ou pyramidal, turbiné, anguleux ou pourvu des côtes rares égalant presque la longueur de l'opercule intérieur, déprimé-hémisphérique, ou subitement en forme de bouclier depuis le centre. Les filets des étamines sont allongés, les anthères subovales. Leurs fruits, grands, sont souvent hémisphériques ou déprimés, turbinés. Ils sont de 4, 5 à 3 loges. Le sommet de la capsule est élevé et un peu convexe. Valves deltoïdes graines sans ailes.

(1) La traduction est tirée du chap. XII des *Fragmenta phytographiæ Australiæ.*

(2) La qualification de *globulus* a été donnée par Labillardière à cet arbre, parce que la capsule a la forme d'un bouton de chemise.

Cet arbre croît dans les vallées et sur les versants humides des montagnes boisées, depuis le golfe d'Apollo-Bay jusqu'au-delà du cap Wilson, et s'étend ça et là en petits massifs, jusque vers les montagnes de Buffallo-Range.

D'après Labillardière il s'élève à des altitudes plus froides dans les parties Australes de la Tasmanie (île de Flinders), dans nos contrées, l'*Eucalyptus globulus* paraît prospérer surtout dans les terres favorables au développement du chêne-liège, dans les dunes, les terrains granitiques, schisteux, silico-calcaires.

Cet arbre, d'une rapidité de croissance remarquable, est connu maintenant dans le monde entier, sous le nom de Gommier-Bleu de Tasmanie (*blue gum tree*) il est digne d'être compté parmi les colosses du règne végétal, car il atteint fréquemment 60 à 70 mètres et plus rarement 100 mètres de hauteur. On le rencontre sur les collines pierreuses, souvent exposées à toutes les fureurs des tempêtes (surtout au cap Wilson). Il forme aussi des arbrisseaux touffus, portant des fleurs et des fruits.

Le tronc, dont les lames corticales extérieures (comme chez le platane), sont souvent détachées, est lisse, cendré, quelquefois entouré à la base d'ancienne écorce fibreuse. Son bois est lourd, dur, très utile.

Les feuilles sont plus ou moins étalées, longues quelquefois de 0,^{m}10 à 0,^{m}20 plus rarement dépassent 0,^{m}33, obliques à la base, presque aiguës ou légèrement obtuses, larges de 0,^{m}03 à 0,^{m}06; plus ordinairement imperforées que pourvues de points transparents; terminées en pointe aiguë le plus souvent brusquement détruite.

Les feuilles les plus jeunes sont amplexicaules à la base, apiculées au sommet ou courtement acuminées, pruineuses, blanchâtres sur les deux faces du limbe, souvent ponctuées, transparentes dans leur plus jeune âge, longues de 0,m 09 à 0,m 15 et larges de 0,m 9. Bractées très caduques, coriaces, composées de deux parties ovales acuminées à demi-soudées, embrassant la jeune fleur, fauves, lisses, longues de 0,m 12 à 0,m 18. Le tube du calice est long de 0,m 009 à 0,m 024.

L'opercule extérieur (au témoignage d'Oldfield) est caduque fragile, mince, glanduleux, un peu reticulé, véné, égal en largeur à l'opercule intérieur. Ce dernier est coriace. Il a 0,m 006 à 0,m 018 de long sur 0,m 015 à 0,m 020 de large. Les filets des étamines d'un jaune pâle, capillaires, filiformes, ont de 0,m 015 à 0,m 024 de long.

Les anthères d'environ 0,m 001 de long sont versatiles, munies d'une forte glande. Style peu épais filiforme, stigmate convexe un peu plus épais que le style. Les fruits sont souvent larges de 0,m 03 environ, quelquefois très petits. Les graines stériles sont brunes, claviformes et filiformes à la fois et longues d'environ 0,m 002 à 0,003. D'autres plus courtes sont rhomboïdales ou trapezoïdes.

Les fertiles sont ovales ou arrondies, noires, opaques et présentent 0,m 003 de longueur. »

Dans nos contrées, il se présente sous différents aspects, en masse pyriforme lorsqu'il est jeune ; il prend les formes les plus variées suivant la manière dont on le façonne. Tantôt il s'étend en largeur dès la base, par des rameaux robustes, qui s'élèvent obliquement vers le ciel, d'autres fois, son tronc, dépourvu de branches, s'élance droit dans l'espace et se termine par un bouquet de feuilles que l'air agite sans cesse comme une chevelure végétale. Rarement son feuillage est épas lorsqu'il est grand; aussi, les rayons du soleil s'enfiltrent à travers et arrivent jusqu'au sol, circonstance que l'on pourrait utiliser pour faire bien des cultures sous sa protection. Partout il cherche la lumière. J'en ai vu qui, plantés dans des encognures de maisons, au milieu d'autres arbres, se recourbaient plusieurs fois sur eux-mêmes pour l'aller chercher. Cet arbre est en état continu de sève ; ici, il fleurit, pousse indistinctement dans toutes les saisons et fournit des graines fertiles lorsqu'elles sont restées deux ans sur l'arbre. Ses feuilles sont persistantes comme en Australie, et contribuent à l'embellissement de notre végétation hivernale. Quand le soir une brise légère fait flotter le feuillage, on perçoit souvent au loin une odeur balsamique agréable, qui rappelle celle des sapinières. Les feuilles, en effet, contiennent des quantités considérables de produits essentiels volatiles et de résines qui se dégagent dans l'air et le parfument.

Les propriétés du bois de l'*Eucalyptus* sont des plus remarquables. Indépendamment de la régularité de ses formes, il est d'une dureté à toute épreuve. Il n'a de rival à cet égard que le bois de tawn et de teck. Cette propriété sur un végétal qui croît si rapidement paraît surprenante ; elle est certaine néanmoins. Quand on l'expose longtemps à l'air, cette consistance augmente encore, les résines qu'il contient se coagulent et lui donnent indépendamment d'une densité plus grande, une vertu de plus, celle d'être imputrexible, même dans l'eau (1) et inattaquable par les insectes.

Indépendamment des nombreux usages industriels auxquels il est employé, il est la clef de voûte de tous les travaux hydrauliques en Australie.

Lorsqu'il est vert et jeune il est très élastique et la force d'un homme ne suffit pas pour rompre une branche d'un mètre de long et de 7 à 8 centimètres de diamètre. L'arbre plie, mais ne se brise pas.

(1) Barré, *Revue générale de l'Architecture et des travaux Publics* de César Daly.

Dans tous les pays il a une prodigieuse puissance d'absorption par ses feuilles, ses racines ; et comment pourrait-il en être autrement, lorsqu'il s'agit de trouver les éléments d'une poussée si puissante ? M. Trottier a mis cette propriété en évidence par des expériences intéressantes. En juin 1867, il plaça une branche d'*Eucalyptus* dans un vase plein d'eau au sein d'une pièce voûtée, cinq jours après les feuilles étaient flétries et le vase vide.

L'expérience fut répétée le 20 juillet 1868 en plein air. A six heures du matin il plaça une branche d'*Eucalyptus* dans un vase profond de 30 centimètres et large à son orifice de 16. Cette branche, mise au soleil, pesait le matin 800 grammes, à six heures du soir, l'eau du vase avait perdu 2 kil. 600 grammes et la branche pesait 825 grammes. Il y eut ce jour 43 degrés de température, de sorte que la chaleur avait contribué à la déperdition de l'eau. Un second vase de la même contenance et de même forme que le premier, soumis à l'évaporation seule perdit dans le même temps, 208 grammes. De telle façon que l'*Eucalyptus* absorba en deux ou trois heures, trois fois son poids d'eau et en élimina rapidement une grande partie.

M. Regulus Carlotti d'Ajaccio, a mis 25 kilos de feuilles d'*Eucalyptus* en macération dans 22 litres d'eau. Vingt-quatre heures après, le liquide avait augmenté d'un litre et demi. Les feuilles s'étaient donc dépouillées d'une partie de leur eau d'hydratation.

Cette propriété simultanée d'absorber et d'éliminer énergiquement, fait de l'*Eucalyptus* une façon de creuset épurateur vivant, qui emprunte au sol ses carbures hydrates et les rend à l'atmosphère en vapeurs balsamiques et oxigénées.

Telle est, en substance, l'ensemble des caractères qui nous permettent de reconnaître quelle est la place de l'*Eucalyptus globulus* dans le règne végétal et qui nous font prévoir déjà tout le parti que l'homme peut retirer de ses propriétés. Une portion de ce travail va être consacrée à l'exposition des richesses que nous promet la culture de cet arbre. Nous ne nous dissimulons pas les difficultés qui vont se présenter à nous à chaque instant; mais nous ne nous arrêterons pas, persuadé qu'en faisant tous nos efforts pour montrer les applications utiles des données de la science, nous accomplissons un devoir envers notre pays et envers l'humanité toute entière.

CHAPITRE II.

De l'acclimatation de l'Eucalyptus globulus — de sa réussite en France, en Afrique, en Espagne, en Italie.

Pour que les importantes propriétés de l'*Eucalyptus globulus* pussent être exploitées par l'Europe et les autres régions du globe, il fallait pouvoir le transplanter et le faire prospérer dans des latitudes différentes. M. Ramel s'est chargé de tenter l'entreprise et de la faire réussir. Homme pratique avant tout, Ramel se trouvant en 1854 en Australie, comprit de suite que si l'*Eucalyptus globulus* pouvait supporter des changements de climat, il transformerait la face de bien des pays. Il se mit courageusement à l'œuvre; plein d'activité et de dévouement à son idée philantropique, il ne négligea rien pour acclimater et vulgariser son arbre favori en France, et on peut dire que ses efforts sont bien près d'être couronnés de succès.

Il fit ses premiers essais à Paris. Le préfet de la Seine l'autorisa en 1860 à faire quelques semis dans les jardins de la ville. Les semis faits au printemps donnèrent des résultats inespérés, et c'est avec une grande surprise, que M. André, jardinier en chef de la capitale constata que ce végétal avait atteint en quatre mois d'été quatre mètres de hauteur. (1) Malheureusement on fut obligé de le mettre en serre en automne, car il n'aurait pas résisté au froid en plein air.

Dès ce jour, l'*Eucalyptus* fut planté dans tous les jardins. Ce succès de fantaisie ne pouvait satisfaire les vues de Ramel qui destinait son arbre à un but économique. Il fit alors planter l'*Eucalyptus* en Afrique, en Espagne, dans le midi de la France, et huit ans se sont à peine écoulés depuis que déjà, ses graines ainsi disséminées, se sont transformées la plupart en arbres imposants, et nous espérons avec lui, que bientôt toutes les contrées incultes, improductives ou malsaines de l'Afrique et du Sud de l'Europe, seront converties en forêts d'*Eucalyptus globulus*.

A cette heure, il serait difficile d'apprécier exactement les résultats qu'on a obtenus dans les différentes régions, où l'on a introduit l'*Eucalyptus* par suite d'un manque de données statistiques positives, mais tout ce que nous pouvons dire, c'est que, une bonne partie de la colonie du cap de Bonne-Espérance, autrefois sauvage et dénudée, a été transformée en pays fertile en quelques années, grâce à cet arbre; qu'en Algérie, les sols consacrés à cette culture sont en train de se régénérer à vue d'œil; que sur la zone maritime de la Corse, il prospère à merveille, et que tous les auteurs qui en ont parlé en sont émerveillés.

(1) Brochure *Eucalyptus globulus*, par André, jardinier principal de la ville de Paris.

Mais, en revanche, nous sommes à même de donner les renseignements les plus exacts sur le développement de cet arbre sur notre territoire. Il importe, à cet égard, de remonter aux dates pour fixer le degré de sa prospérité.

Le premier *globulus* qu'on a vu dans nos contrées, a été planté en 1860 à Antibes, par M. Thuret, botaniste bien connu dans le monde scientifique. Il était contemporain de la plantation de quelques *Eucalyptus amygdalina*, *Elata*, *corynocalix* à peu près délaissés et suivait l'importation de l'*Eucalyptus gigantea*.

En 1862, M. Martichon, habile horticulteur du pays, fit de nombreux semis de *globulus* et fit dès ce jour tous les efforts pour en vulgariser l'espèce. En même temps M. Opoix, secrétaire de la société d'horticulture, en faisait des plantations dans le jardin de la villa Vallombrosa, et rapidement, grâce à l'initiative de ces hommes, les coteaux et les plaines, furent couvertes de cet arbre australien.

Au moment où j'écris, c'est-à-dire en novembre 1869, j'ai fait des relevés dans presque tous les jardins, et voici les résultats qu'ils donnent : chez M. Martichon, deux *Eucalyptus globulus* plantés en mars 1863 et arrosés, atteignaient en 1868, 20 mètres de hauteur, tandis que le tronc mesurait 1 mètre 10 de circonférence, à 40 centimètres au-dessus du sol. Ces dimensions extraordinaires sont exactes, car l'arbre fut mesuré après avoir été abattu par terre. L'arbre avait donc fait des pousses de quatre mètres par an.

Dans le jardin de M. *Bonnet*, il existe un *globulus* qui a de 20 à 22 mètres de hauteur et 1 mètre 12 de circonférence à 50 centimètres au-dessus du sol. Cet arbre a été planté en 1862 ; il avait alors 1 mètre de longueur. La première année il resta à peu près stationnaire; M. Bonnet fit alors défoncer profondément le sol tout autour et grand fut son étonnement, lorsqu'il vit durant l'été l'arbre s'allonger d'un mètre par mois. Cet arbre, isolé sur une pelouze, est sans contredit le plus remarquable individu de l'espèce *globulus* qu'il y ait à Cannes. Il est droit comme un I, d'une verdure et d'une forme grandiose.

Dans le jardin de la villa des *Mimosas*, chez mon ami de Colquhoun, il existe deux *Eucalyptus globulus* isolés, qui sont remarquables. L'un d'eux a quatre ans, il atteint 12 mètres en hauteur et 90 centimètres de circonférence à la base, l'autre âgé de cinq ans, s'élève de 15 mètres au-dessus du sol, le tronc a un mètre de circonférence à sa base. Dans le même terrain, un semis de 18 mois atteint 7 mètres de hauteur.

Dans le magnifique jardin du Grand-Hôtel, les *globulus*, bien que noyés dans une végétation élevée et compacte, sont magnifiques. Quatre sont âgés de cinq ans, ils ont en moyenne de 12 à 15 mètres de hauteur et leur tronc présente de 1 à 95 centimètres de circonférence.

Trois autres, situés comme les précédents au midi de l'établissement, quoique moins âgés d'une année, atteignent une moyenne de 9 à 10 mètres de hauteur et 90 centimètres de circonférence de tronc près du sol. Ces arbres sont très droits et très branchus.

Au nord de l'établissement, différents *globulus* ont été plantés aux mêmes époques, recevant un peu moins de soleil, ils sont moins rameux et moins épais, mais tout aussi réguliers et aussi élevés que les précédents.

Les plantations de la villa Vallombrosa sont également remarquables. (1)

(1) Je remercie M. Opoix, jardinier de cette magnifique propriété, d'avoir bien voulu me donner des renseignements exacts sur cette plante admirable.

Un *globulus* semé en 1862 et non arrosé, a 8 mètres de hauteur et un tronc de 1^m 30 de circonférence à 1 mètre au-dessus du sol.

Un *Eucalyptus amygdalina*, que je signale en passant, atteint aujourd'hui 20 mètres de hauteur, tandis que sa tige mesure 1^m 30 à la même distance du sol. L'arbre précédent était sur un terrain peu profond, celui-ci, au contraire, fut planté sur une épaisse couche de terre. M. Opoix m'a montré cinquante individus environ de la même espèce, qui, disséminés dans les divers jardins de Cannes, ont atteint des proportions semblables.

Cinquante *Eucalyptus globulus* semés par cet habile jardinier en 1863, présentent aujourd'hui les dimensions suivantes : hauteur 15 mètres en moyenne, circonférence du tronc à sa base, 1^m 20.

M. Martichon, sur des plantations bien plus nombreuses encore, a obtenu le même développement dans les terrains convenables.

Les semis de 1864, de 1865 d'après M. Martichon, M. Opoix et moi-même, ont donné suivant les lieux, de 10 à 15 mètres de hauteur et des troncs en proportion.

A *l'hôtel Beau-Rivage*, on voyait devant la porte d'entrée, deux *globulus* âgés de quatre ans et qui avaient 15 mètres de hauteur.

A la villa Granval, chez M. Turcas, dans le jardin de MM. Fould, Tripet, Lucq, Duboys-Danger, Woolfield, etc, le développement des *Eucalyptus globulus* est aussi surprenant que dans les conditions précédentes, aussi, je dispenserai le lecteur d'une énumération plus longue.

L'*Eucalyptus globulus* prospère, non-seulement quand il est isolé, mais encore quand il est planté en forêt.

Sur une terrasse à sol sablonneux et exposée en plein midi, deux industriels distingués, mes amis Pilar et Cuvillier, semèrent en 1864, 200 graines de *globulus* qu'ils avaient eues directement de Melbourne, par le ministère de la marine. Ces semis furent faits à 5 mètres l'un de l'autre. Tous réussirent, et en 1869, ces sables arides étaient couverts d'un boccage charmant.

Tous, cependant, n'atteignirent pas les mêmes dimensions bien que contemporains.

L'un d'eux, isolé dans un coin du jardin, au midi, mesurait 12 mètres de hauteur et avait un tronc d'un mètre de circonférence à 40 centimètres au-dessus du sol. Tous ceux qui s'élevèrent sur la ligne méridionale de la terrasse et qui recevaient le plus de soleil, poussèrent vigoureusement et mesurent aujourd'hui de 10 à 11 mètres de hauteur, et 78 à 90 centimètres de circonférence à leur base.

Les autres, placés plus au centre et plus au nord, recevant le soleil surtout par leur cime, semblent être d'une autre époque ; leur hauteur varie entre 7 et 8 mètres, leur tronc mesure de 40 à 70 centimètres de circonférence au-dessus du sol. Cette plantation prouve suffisamment que les *Eucalyytus* peuvent être mis en massifs, que la condition essentielle à leur prospérité est leur immersion dans des flots de lumière.

D'aprés les données précédentes, il ressort que les *Eucalyptus globulus* à Cannes s'allongent de 4 mètres en moyenne durant la saison chaude. En général, les semis d'un an plantés au mois de mai, sur un terrain propice, atteignent 6 mètres de haut en décembre suivant.

La végétation de la troisième année est en tout comparable à celle de la deuxième; mais celle des années suivantes, bien que toujours progressive, commence à ralentir, ce qui favorise le developpement du tronc.

Ces résultats sont vrais pour toute l'étendue des Alpes-Maritimes.

A Hyères, d'après des renseignements que je dois aux frères Huber, habiles horticulteurs du pays, le développement annuel de cet arbre est semblable à celui que nous observons à Cannes. On y trouve des *Eucalyptus globulus* énormes, et un entre autres qui, planté en 1857 dans le jardin de ces messieurs, atteint aujourd'hui une hauteur de 25 mètres et une circonférence de tronc de 2 mètres à la base.

Ces arbres sont disséminés dans les plaines et sur les hauteurs, et pourvu qu'ils soient sur un sol convenable, ils prospèrent dans les situations les plus diverses. L'important, c'est que le sol soit perméable à l'eau et aux racines. On le comprendra sans peine lorsqu'on voudra se rendre compte, comme je l'ai dit déjà, de la quantité de matériaux qu'il faut pour alimenter un developpement pareil.

En général, on fait des semis et on plante le rejeton un an après, pour lui donner une attache plus solide au sol. Dès ce moment, il ne demande plus aucun soin, si ce n'est la protection d'un tuteur pendant les premières années de son adolescence.

Quelquefois, ce developpement est si rapide, que le vent renverse les arbres ; dans ce cas, un recepage ou deux de la tige renforçant le tronc et ses attaches au sol, leur donne désormais, comme en Australie, une résistance à la tempête.

En vérité une culture aussi peu dispendieuse et aussi productive, devrait faire surgir dans tous les coins de la Provence des forêts d'*Eucalyptus*, quand bien même son bois ne serait utile qu'au chauffage, ce qui est une erreur.

D'après les résultats précédents, il n'est plus permis de considérer cet arbre avec indifférence et il doit forcément devenir l'objet de spéculations industrielles.

CHAPITRE III.

Application de l'Eucalyptus au reboisement des forêts, au boisement des terres vierges ou abandonnées.

L'idée du reboisement des forêts et du boisement des terres incultes est la première qui doit naturellement découler de cette étude préliminaire. En effet, on arriverait, en la mettant à exécution, à obtenir en quinze ou vingt ans, ce que l'on obtient en cent, cent cinquante ans, dans les forêts ordinaires. On verrait à vue d'œil disparaître les graves conséquences du vandalisme forestier, grâce à l'immense quantité de produits que l'on déverserait par ce moyen spécial sur les marchés, et on rendrait peut-être un jour, à l'agriculture, une grande étendue d'hectares désormais inutiles à la sylviculture.

Cette entreprise soulève des difficultés nombreuses. En effet, bien que l'*Eucalyptus globulus* ait une puissance de cosmopolitisme considérable, il faut néanmoins, quand on veut qu'il donne de beaux résultats, tenir compte de la nature du sol dans lequel on veut le planter, de sa configuration, de son orientation, des conditions atmosphériques diverses au milieu desquelles il va pousser, et surtout des oscillations de la température et de l'humidité des lieux.

Nous n'essayerons pas ici d'apprécier exactement le rôle de chacune de ces causes en particulier ; il me suffira de dire que sur un sol convenable, question élucidée dans un chapitre précédent, il suffit que la température ne baisse pas au-dessous de huit degrés centigrades pour que l'*Eucalyptus* prospère.

Dès lors, des essais devraient être tentés sur bien des points de la France méridionale. Les plaines de la Crau, les Landes, les environs des étangs de Thau, d'Aigues-Mortes, les environs du Var, qui sont souvent l'origine d'effluves pernicieuses, etc. seraient très probablement propices à cette culture. Sans doute, les vents dans la Crau, la plaine de Thau, les Landes sont un grand obstacle à ces plantations, mais déjà la conquête est commencée, des arbres en couvrent une partie, et sans vouloir protester brutalement contre les influences extrêmes, ne pourrait-on pas commencer les essais dans les parties les moins froides et les moins exposées au vent? Après une première plantation prospère, on en ferait une autre immédiatement à côté qui serait protégée par la plus ancienne, et ainsi, de proche en proche, on arriverait probablement à faire la conquête de ces lieux stériles et pernicieux; conquête que l'on assurerait en groupant les arbres d'une certaine manière et en les recepant deux ou trois fois les premières années.

Les propriétaires, selon nous, seraient rapidement indemnisés de leurs frais.

Que les agriculteurs intelligents, que les communes et l'Etat se lancent donc dans cette entreprise, tout en ménageant leurs intérêts, ils feront une œuvre vraiment philantropique.

CHAPITRE IV.

Des résultats industriels et économiques que promet l'Eucalyptus.

Pour donner plus de valeur à nos conseils, pénétrons un

moment dans l'examen des résultats pécuniaires que l'on atatteindrait par cette culture.

Reportons-nous pour un instant à la statistique forestière donnée en 1841 par le ministre de l'agriculture. L'Etat, depuis cette époque, n'a pas modifié sa situation à cet égard, nous pouvons donc la reporter à 1869.

D'après ces données, la valeur totale des futaies en France est de 4,137,995,288 francs (1).

L'Etat coupe les futaies lorsqu'elles ont cent, cent cinquante ou deux cents ans d'âge ; les communes les exploitent d'un siècle à l'autre, les particuliers, au contraire, plus pressés de revenus les livrent aux marchés après une période de soixante-dix ans en moyenne. Admettons pour faire une moyenne générale, que toutes les futaies soient coupées à cent ans. L'*Eucalyptus* devant être considéré surtout comme arbre de futaie, donnerait cinq coupes durant cette période, c'est-à-dire une tous les vingt ans.

La valeur de cette partie des bois serait donc quintuplée, et, au lieu de la somme signalée plus haut, la France aurait une valeur en futaies de 20,689,976,440 francs. Ce résultat extravagant ne pourrait être malheureusement réalisé (toutes choses égales d'ailleurs) que pour les régions méridionales ; mais l'Afrique est là pour nous donner raison bientôt. Poussons plus loin l'analyse ; d'après M. Gurnaud et la plupart des auteurs, la valeur des bois sur les marchés de Paris se répartit ainsi :

Les baliveaux de chêne de 15 ans, sur pied, valent la tonne de 1,000 kilog.		11 fr
Ceux de 30 ans.	—	16
— 45	—	20
— 60	—	32
— 75	—	48
— 90	—	64

(1) Mémoire de M. A. Gurnaud intitulé : *Conserver les forêts de l'Etat et réaliser le matériel surabondant.*

A la place du chêne, mettez des bois d'*Eucalyptus* ; ce bois, donnant durant le même laps de temps, une poussée cinq fois plus grande et par conséquent cinq fois plus de bois, il est clair qu'une tonne d'arbres de 15 ans coûtera cinq fois moins au propriétaire et quintuplera, toutes choses égales, d'ailleurs, son revenu ; et alors les prix de revient du propriétaire dans les mêmes conditions, seraient répartis comme il suit :

Baliveaux d'Eucalyptus de 15 ans, la tonne sur pied.		2 fr.	50
30 ans	—	3	20
45	—	4	
60	—	6	40
75	—	9	60
90	—	12	80

On obtiendrait des différences analogues sur le prix des bois de sapin.

Les plantations se généralisant, l'affluence des bois amènerait forcément une diminution énorme dans les prix des ventes au profit de la majorité. On aurait ainsi résolu un sérieux problème d'économie agricole.

Les besoins de ce qu'on appelle bois de service ou de haute futaie se sont singulièrement accrus depuis trente ans, et augmenteront encore, bien que l'usage plus considérable du fer en ait diminué la consommation.

Aujourd'hui les chemins de fer emploient des quantités énormes de bois, tant pour la construction des gares que pour l'établissement et l'entretien des voies. D'après des calculs qui paraissent très bien établis (1), dans vingt ans, l'entretien de toute l'exploitation ferrée en France, exigera la production annuelle de 2,000,000 d'hectares de forêts ordinaires ; lors-

(1) Gurnaud. (Loc. cit.)

que la France entière en possède à peine 8 à 9 millions. Avec 500,000 hectares plantés d'*Eucalyptus* on arriverait au même résultat, ou mieux encore avec une pareille étendue, on obtiendrait suffisamment de produits pour subvenir aux besoins d'une industrie cinq fois plus considérable, pourquoi dès-lors, les compagnies n'essaieraient-elles pas la culture de cet arbre merveilleux dans le midi de la France, dans les hors lignes de la voie, en Afrique surtout, où le sol n'est pas cher encore, et où il prospère? Les actionnaires trouveraient à pareille détermination un bénéfice marqué, car les achats de bois sont très onéreux pour eux; une simple traverse qui en bois d'*Eucalyptus* leur coûterait de un à deux francs, leur coûte huit francs aujourd'hui. La valeur des actions augmenterait ainsi du cinquième économisé sur le prix actuel du bois. Si les compagnies craignaient que les traverses d'*Eucalyptus* fussent inférieures à celles du chêne, on leur répondrait que l'expérience est faite sur une large échelle dans l'Inde. Là, les rails, dans toutes les compagnies, sont fixés sur des traverses en *globulus* qui, d'après des renseignements authentiques, sont inaltérables et à vil prix.

L'hésitation en pareil cas ne paraît pas possible et nous espérons que les compagnies donneront une impulsion à cette sylviculture spéciale.

L'exploitation des télégraphes exige une consommation sérieuse de bois de futaies. L'*Eucalyptus* ici encore, vient offrir des avantages que nous allons essayer d'apprécier.

Le 31 mai 1869, l'administration des télégraphes fit l'acquisition de 38,900 poteaux pour les différentes lignes qui sillonnent la France. Ces poteaux, d'après une note que je dois à l'obligeance de M. de Vougy, directeur général, ont été payés tout injectés de la manière suivante, pour le réseau du chemin de Paris-Lyon-Méditerranée :

Poteaux de 6 mètres 50 de longueur.		5 fr. 50
— 8	—	9
— 10	—	14

Les travaux sur cette ligne exigèrent l'emploi de 7,200 poteaux ainsi répartis :

Poteaux de 6 m. 50.	2,000	ce qui fait en argent	11,000 fr.
8	4,000	—	36,000
10	1,200	—	16,800

Or, d'après les données générales de sylviculture, un sapin propre à donner un poteau de 6 mètres 50, a 30 ans d'âge, celui qui donne le poteau de 8 mètres, a 40 ans et le dernier 55 à 60 ans. Remplacez le sapin par l'*Eucalyptus;* dans le premier cas, le sol vous donnera votre arbre en cinq ans, vous aurez le poteau de 8 mètres au bout de 8 ans au plus et le troisième en 10 ans. Dans les conditions ordinaires, le sol a fourni les trois dimensions demandées en une moyenne de 45 années, tandis que avec l'*Eucalyptus* on arriverait au même résultat en 7 ou 8 années environ; c'est-à-dire, toujours cinq ou six fois plus vite. L'économie pour l'Etat, qui impose d'avance les conditions, serait très sérieuse. En effet, si on fixe à la moitié du prix d'achat les frais de transport et d'injection, dernière condition qu'il faudrait négliger pour notre arbre, mais dont nous tiendrons compte pour forcer les choses, le prix de bois de sapin tombe à 3,690 francs. Enlevons le sixième de cette somme si nous remplaçons le bois de sapin par celui de l'*Eucalyptus*, nous arrivons, d'après les données précédentes, à une économie de 6,150 francs sur cette modeste dépense. L'Etat à l'égard du télégraphe est entré dans une voie louable ; aujourd'hui, les dépêches sont à la portée de tout le monde, et il pourrait en diminuer encore le prix, si prenant en considération notre proposition, il cultivait ou encourageait la culture de l'*Eucalyptus*. Ne voulant pas spéculer sur la nation, il pourrait baisser le prix des dépêches de la somme qu'il économiserait sur la dépense du matériel qui nous occupe.

Tous ces calculs, d'ailleurs, commencent à recevoir leur vérification en Afrique, ils la recevront bientôt en France.

D'après M. Trottier, d'Alger, un hectare planté en *Eucalyptus* donnerait en 8 ans, un produit net de 6,200 francs.

M. Carlotti Regulus (1) d'Ajaccio, soutient que si l'Etat peuplait une grande partie du littoral de la Corse, à la fin de la huitième année, la plantation donnerait un bénéfice net de 1,295,000 francs.

Quel est l'arbre qui peut donner un résultat pareil, si ce n'est l'*Eucalyptus globulus*.

Les connaissances précises que nous avons acquises aujourd'hui dans l'art de la navigation, la grande extension qu'a prise le commerce, les transformations qu'a subies notre marine militaire, et beaucoup d'autres raisons, font surgir à chaque instant des navires sur nos chantiers. Malheureusement, nos forêts ne suffisent pas à la construction de tous ces bâtiments, et nous sommes obligés de faire un appel constant aux ressources de l'étranger. La Russie, la Suède, la Norwège, l'Allemagne, les Etats-Unis, absorbent une grande partie de notre argent qu'il serait plus profitable de garder chez nous.

La culture de l'*Eucalyptus* ferait sans doute une révolution dans cette situation. Par ses prodigalités incroyables, elle suppléerait en grande partie à cette insuffisance et augmenterait rapidement le bien-être des populations. On pourrait en tirer toutes les pièces de la mâture, les planches qui forment la coque des navires et la charpente toute entière.

(1) *Du mauvais air en Corse*, par Regulus Carlotti. —Ajaccio 1869.

Cette idée n'est plus une hypothèse désormais. En effet, tous les steamers qui font les voyages entre la terre de Wan-Diemen et l'Angleterre sont en bois d'*Eucalyptus*. Les baleiniers de Hobart town bien connus par leur solidité, sont en bois de même nature. Les dimensions énormes des planches que l'on peut faire avec cet arbre devaient naturellement faire penser à leur emploi dans la construction des bateaux. (1)

Si nous donnions une impulsion considérable à cette culture, les applications pour nous ne se borneraient pas là. Tous nos grands travaux de charpente, les digues, les brises-lames des ports, les ponts en bois, etc., pourraient être faits avec économie et solidité avec ce bois, comme dans toute l'Australie. L'architecture, les ponts-et-chaussées, la menuiserie, la carrosserie, le charronage, où l'on n'emploie que des bois durs, en tireraient un grand profit.

Parlerons-nous de la valeur desproduits que cet arbre peut donner en bois de chauffage ? Nous n'osons, craignant que le lecteur ne trouve déjà ce chapitre un peu long. Nous nous bornerons à dire que ce bois brûle très bien, et qu'on pourrait en avoir des quantités considérables à vil prix par le traitement des forêts à venir, ce dont les classes pauvres ne se plaindraient pas, aujourd'hui que le bois devient rare et cher.

(1) Ramel, on a vu des planches de 25 à 60 mètres de longueur.

CHAPITRE V.

De l'Eucalyptus, considéré comme moyen d'assainissement des contrées malsaines.

Le rôle que l'*Eucalyptus globulus* doit jouer comme moyen d'assainissement, dans les contrées morbigènes situées au sud du 44me degré de lattitude nord est selon nous considérable. M. Fremy dans le rapport fait au nom de la Société Algérienne publié en avril 1869 dans le *Moniteur* dit ceci :

L'Eucalyptus globulus a une valeur considérable sur la terre d'Afrique, il a, en outre, l'avantage d'exercer une influence favorable sur la salubrité des contrées, où on le multiplie.

En effet, les fièvres intermittentes semblent fuire devant lui, et cela justifie cette idée émise par M. Hardy, que l'Australie devait la salubrité de son climat à la présence de ce végétal.

Les conditions de l'insalubrité d'un territoire sont si nombreuses et si complexes, que nous ne pensons pas que l'*Eucalyptus globulus* seul puisse les remplir toutes, mais nous sommes profondément convaincu qu'associé aux procédés que le génie de l'homme a déjà inventés pour faire la conquête de ces terres maudites, il aura une grande part d'influence sur la prospérité des sols malsains et sur la régénération des races qui les habitent.

L'insalubrité d'un pays peut tenir à une foule de causes différentes que nous allons étudier successivement ; nous signalerons en première ligne l'existence des marécages.

Les marais sont situés dans des terres relativement basses ; ils se forment à la longue sur un sol imperméable par la stagnation d'eaux provenant directement des pluies, des mers ou des débordements des cours d'eau dans une région dépourvue de pente. C'est ainsi que se forment les maremmes des environs de Vera-Cruz, d'Aigues-Morte, de Montpellier.

D'autres fois, ils sont la conséquence d'une végétation aquatique qui se developpe surabondamment dans le lit de cours d'eau et de canaux qui auraient naturellement assez de pente pour mener les eaux en un lieu convenable. Dans ces conditions, le cours de l'eau est d'abord ralenti, bientôt elle ne peut plus être contenue dans son conduit naturel, s'étale sur les terres voisines et produit à la longue des marécages. Dans la plaine Pontine, si malheureusement réputée, cette influence est manifeste ; le fond de tous les canaux est obstrué de plantes aquatiques vivaces, qui meurent, se pourrissent et renaissent sans cesse. Leur quantité est si considérable, que d'après les calculs de M. de Prony, si on les enlevait, on ferait baisser le niveau des eaux d'un demi-mètre. A ce compte il est évident que ce demi-mètre d'eau, ne pouvant se loger dans les canaux, se déverse dans le voisinage et y croupit.

Il existe des marais qui ont pour origine le déboisement des montagnes voisines. Dans ce cas particulier, les couches superficielles du sol, n'ayant plus de fixité par suite du manque d'attaches, sont peu à peu charriées dans la plaine par les torrents. Ces détritus, embourbant les eaux, commencent par en ralentir le cours et relever le niveau de leur lit. Peu à peu, ces phénomènes prennent plus d'intensité, le lit des eaux disparaît complétement, et celles-ci, n'ayant pas suffisamment de pente pour se créer des issues nouvelles, ou rencontrant des obstacles, se déversent partout et finissent, au bout de quelques années, par former des maremmes dangereuses.

L'absence d'arbres sur le bord des cours d'eau favorise la rupture des berges; la présence d'arbres à feuilles caduques produit les mêmes effets que la végétation aquatique : elle prépare les débordements.

Quelques marais sont formés par les sables que la mer accumule sur les côtes à l'embouchure des cours d'eau, comme cela se voit souvent dans le midi de la France.

Ces obstacles sont franchis par les eaux au moment des fortes crues de l'hiver; mais pendant l'été, quand leur niveau baisse, il arrive à la longue que ces accumulations sont assez importantes pour empêcher l'écoulement direct des eaux. Elles stagnent d'abord dans leur lit; mais toutes les fois qu'il survient une crue, elles se déversent en partie sur les terres voisines, où elles forment des flaques pernicieuses.

La mer produit quelquefois des effets inverses. Sur les côtes basses, elle pénètre pendant les grosses tourmentes dans l'intérieur des terres et s'y emprisonne au bout d'un certain temps. Plus souvent, peut-être, elle est ainsi englobée par des alluvions. C'est ce que l'on voit aux embouchures des grands fleuves.

Il existe des marais souterrains ; ils sont alors formés par des infiltrations qui provenant des pentes voisines arrivent à peine à la surface du sol. Il y a des exemples en Corse.

Les marais ne sont pas la seule cause d'insalubrité d'un pays ; en thèse générale, il suffit que des débris de substances organiques, végétales ou animales, subissent l'influence combinée de l'humidité et d'une grande chaleur pour qu'il y ait des miasmes dans l'air.

Toutes les plaines incultes ou désertes de l'Afrique sont un foyer de fièvres intermittentes et de dyssenteries. Il en est de même de certaines régions de l'Espagne, de la campagne de Rome, des plaines de la Corse, de la Grèce, etc.

Les plaines les plus cultivées, les environs de Cannes, Nice, etc., sont quelquefois, pendant les grandes chaleurs humides, le foyer de fièvres intermittentes.

Les défrichements des terres vierges sont très pernicieux à la santé. En Afrique, ils ont été meurtriers, et bien que moins dangereux que sous ces latitudes, ils donnent très bien la fièvre intermittente quotidienne aux ouvriers qui, dans nos pays, les font durant les mois de septembre et d'août.

Les remuements de terre que nécessite l'établissement des chemins de fer produisent des effets analogues. En août 1869, un grand nombre d'ouvriers qui pratiquaient une grande tranchée pour la voie ferrée qui doit relier Cannes à Grasse furent pris de fièvre intermittente. Ils n'avaient pas été malades jusque-là. Le creusement du canal Saint-Martin, à Paris, fut pernicieux pour les habitants du voisinage. On a dit même que les démolitions de la capitale pouvaient produire des accès.

Telles sont, en résumé, les différentes conditions qui produisent ou préparent l'insalubrité d'un pays.

Quel est le mécanisme physique de ces influences délétères?

Il est le même, quelle que soit leur origine. Par les grandes chaleurs, le niveau des marais qui sont insuffisamment alimentés, soit par les rivières, les pluies ou la mer, baisse et laisse à nu, exposée à la chaleur solaire, une certaine étendue de leur fond couvert de détritus organiques de toute sorte. Ces végétaux, ces animalcules, privés d'eau, sont mis en fermentation par le soleil, surtout au moment des rosées, alors qu'il y a suffisamment d'humidité pour aider la fermentation, pas assez pour l'empêcher. Il en résulte des vapeurs, *(effluves de Lancisi)*, chargées de substances organiques, qui exhalent quelquefois une odeur méphytique, comme dans les marais pontins, et qui absorbées déterminent des accidents immédiats, ou des accidents chroniques d'une grande gravité, tels que fièvre intermittente à différents types, dyssenterie, cachexie paludéenne, etc.

Ces vapeurs se disséminent le jour dans l'atmosphère, mais le soir, par le fait du refroidissement nocturne, elles retombent vers les parties basses, et rendraient les plaines et les vallées pestilentielles, alors que les collines resteraient très saines.

C'est à ce moment qu'il est dangereux de se soumettre à ces influences.

Dans les régions incultes de l'Afrique, l'origine des miasmes est la même ; ils sont toujours le résultat de l'action du soleil sur les détritus végétaux baignés d'humidité par les rosées de la nuit et du matin. Il en est ainsi en Corse, en Italie, en Grèce, etc.

Les défrichements de sols vierges produiraient des miasmes dans les mêmes conditions.

Ces vapeurs infectieuses, ces effluves ne sont pas seulement dangereuses sur place. Emportées par les courants d'air, elles vont souvent produire des ravages à de grandes distances. A Rome, à chaque instant la fièvre frappe aux portes de la ville. En Afrique et ailleurs, on voit souvent la fièvre intermittente se déclarer après certains vents qui passent sur des contrées insalubres et lointaines.

Comment remédier à tant de causes diverses d'insalubrité? Quelle va être la part d'influence de l'Eucalyptus globulus dans la disparition des miasmes d'une contrée? Il est de toute évidence que dans les contrées marécageuses la première condition de transformation est de faire disparaître la maremme définitivement. On y parviendrait en déblayant le lit des rivières, en facilitant par conséquent, le cours des eaux, en creusant des canaux collatéraux pouvant les ramener dans des centres appropriés, qui seraient par exemple, des lacs ou des marais à grand tirant d'eau et à bords taillés à pic, de façon à prévoir les inconvénients de l'abaissement de leur niveau, ou de grands canaux collecteurs aboutissant eux-mêmes à des fleuves, à des rivières ou à la mer; en drainant les terres, en défrichant et modifiant la composition du sol environnant, en incendiant, pour aller plus vite, la végétation inutile ou nuisible, et en consolidant tous ces travaux par des plantations d'Eucalyptus. Planté le long de la berge des ruisseaux, du bord des rivières, des lacs et des canaux, comme les peupliers plantés sur le parcours du canal du Languedoc, il donnerait de suite de la solidité aux terrassements, formerait rapidement un obstacle aux débordements. Par sa croissance rapide, la tendance naturelle qu'il a de chercher la lumière et sa prodigieuse puissance d'absorption, il serait un obstacle à cette végétation aquatique qui prépare, entretient les marais et leurs effluves.

L'eucalyptus planté en fourrés autour des lieux malsains, empêcherait en grande partie l'action du soleil sur la terre, cernerait les miasmes, qui non-seulement ne pourraient être emportés au loin, mais qui seraient très rapidement modifiés par les émanations essentielles des feuilles. Grâce à la persistance de son feuillage, le sol ne se couvrirait plus, en quelques jours, de ces détritus qui, très probablement produisent les effluves pernicieuses, qui attirent tous les parasites végétaux et animaux de l'atmosphère, organismes invisibles, innombrables, qui meurent et renaissent sans cesse pour préparer sourdement la mort. Prospérant sur les collines, il donnerait rapidement de la fixité au sol, et les eaux descendant des montagnes seraient moins abondantes, moins denses, moins impétueuses, et couleraient dans leurs canaux naturels sans déborder partout.

La manière la plus sûre de conjurer définitivement le danger des contrées miasmatiques, comme la plupart des plaines de l'Afrique, les environs de Pœstum, de Barri, de Rome, en Italie; d'Aigues-Mortes, les deltas du Var, en France; le littoral de l'île de Corse, etc., serait, après en avoir desséché les points marécageux, de les défricher et d'y implanter l'Eucalyptus.

L'Eucalyptus assurerait le succès de ces deux opérations, en protégeant d'abord le défrichement et en perpétuant ensuite ses bons résultats. En effet, le vrai obstacle aux défrichements est la difficulté que l'on a de soustraire les travailleurs aux impressions de la nuit : tous les soirs, alors que le soleil est encore au-dessus de l'horizon, ils sont obligés de quitter le lieu de leurs travaux pour se réfugier sur les collines voisines, ou de s'enfermer hermétiquement dans des masures dont ils ne doivent sortir que tard le matin, sous peine de subir de mauvaises influences. Ce déplacement procure un surcroît de fatigue au paysan, une grande perte de travail au propriétaire, ralentit les travaux et éternise le mal. Que les propriétaires ou colons intelligents préparent d'avance, sur les terres qu'ils veulent défricher, des oasis compactes d'Eucalyptus globulus; rien ne s'opposera plus à leurs conquêtes. Ces pépinières, placées de distance en distance, seront un abri sûr contre les influences insalubres. Non-seulement les effluves ne se développeront plus sous leur feuillage, mais encore ces arbres formeront une barrière puissante contre l'invasion des miasmes extérieurs.

Les cultivateurs pourront y reposer la nuit sans crainte et sans danger ; le matin, ils seront plus aptes au travail, plus durs à la fatigue et moins facilement impressionnés par l'air malsain.

Mais ce résultat n'est pas le seul, ai-je dit, que l'on doit ici attendre de l'Eucalyptus globulus. Il doit être planté sur tout sol nouvellement défriché, pour en assurer la prospérité, car seul il promet d'une manière durable salubrité et richesse à tous les propriétaires.

Cet arbre, nous le savons déjà, a une force d'absorption considérable. Planté sur un sol nouvellement défriché, il en pomperait rapidement toute l'humidité, condition essentielle de la production des miasmes. En outre, par son développement continu, il absorberait nécessairement dans le sol les éléments d'une végétation parasite et malsaine, et sur un terrain inculte et pestilentiel naguère, on aurait, au bout de dix ou douze ans, une forêt puissante et généreuse. Nos prévisions à cet égard sont corroborées par M. Trottier, qui, dans son rapport, lu à la Société Impériale d'agriculture d'Alger, en mars 1868, appréciait ainsi qu'il suit le produit de la culture de l'Eucalyptus :

« Un hectare planté en Eucalyptus, si l'on réduit l'écartement des lignes à six mètres, et celui des arbres, dans cette ligne, à trois, contiendra cinq cents arbres. Si l'on a bien opéré, tous auront un diamètre de vingt centimètres à deux mètres au-dessus du sol. Les bois de cette dimension sont propres à de nombreux emplois dans le charronnage, et seront vendus au-dessus de cinq francs l'un. Or, la première éclaircie produirait deux mille cinq cents francs. A huit ans, le reste de la plantation aura les dimensions propres aux travaux des chemins de fer, et chaque arbre pourra atteindre le prix de vingt francs. Un hectare d'Eucalyptus aurait donc donné, en huit ans, un produit brut de six mille deux cents francs. »

Ce premier résultat encouragerait sans doute singulièrement les propriétaires, qui, dans tous les cas, pourraient rendre sans crainte à l'agriculture un sol désormais purifié.

La révolution que l'Eucalyptus globulus fera dans les zones méridionales malsaines de l'Europe et des pays chauds sera suivie nécessairement d'une résurrection de certaines races. A laplace de ces populations malheureuses, disséminées dans les lieux malsains, on verra se former des agglomérations plus grandes. Après deux ou trois générations, on ne rencontrera plus ces hommes, ces enfants au teint terreux ou blafard, à l'œil morne; leurs instincts vulgaires, leur incapacité intellectuelle, conséquence d'une perpétuelle insuffisance d'aliments, d'air respirable et de société, subiront des modifications avantageuses. Leur constitution physique, ces gros ventres, ces jambes grêles, ces membres infiltrés se transformeront également, et on verra peu à peu revenir ainsi à la vie et à la civilisation des races à demi éteintes, et qui sont l'opprobre de l'humanité toute entière.

Comment, à cette heure, rester indifférent à tant de promesses! Ne serait-ce pas une faute de dedaigner les conseils de la science?

Que les États, que des compagnies, que des philanthropes et des industriels se mettent donc à l'œuvre. Qu'en France, en Afrique, en Italie, en Grèce, on ne se borne plus à de simples essais d'agrément; que, de tous côtés, s'élèvent des plantations, des forêts d'Eucalyptus, car dans le Sud, il est le seul arbre qui assurera à notre époque et dans ces contrées, le triomphe de la science sur les éléments morbigènes, et donnera à la fois aux populations *agrément, richesse et santé.*

CANNES, IMP. H. VIDAL, RUE BIVOUAC-NAPOLÉON, 7.

Gimbert del. Imp. Lemercier et Cie Paris

Feuilles Dimorphes de l'Eucalyptus globulus.

publié par Adrien Delahaye.

PUBLICATIONS DE L'AUTEUR

Mémoire sur la Boule adipeuse de Bichat, par le professeur C. Robin et Gimbert. (Société de Biologie).

Mémoire sur la Structure du cordon ombilical. (Société de Biologie).

Mémoire sur la Structure et la Texture des artères. (Librairie A. Delahaye.) Ce travail a été couronné par la Faculté de médecine de Paris et l'objet d'une récompense décernée par l'Institut.

De l'Etiologie et de la nature de la Phthisie. (Archives de médecine).

De l'action du Chlorate de potasse dans certaines formes de la Phthisie pulmonaire. (Bulletins de la Société de thérapeutique).

A PARAÎTRE

DE

L'INFLUENCE DU CLIMAT

DE CANNES

Sur la marche des maladies en général

Et des Phthisies pulmonaires en particulier.

CANNES. — IMPRIMERIE H. VIDAL, RUE BIVOUAC-NAPOLÉON, 7.

www.ingramcontent.com/pod-product-compliance
Ingram Content Group UK Ltd.
Pitfield, Milton Keynes, MK11 3LW, UK
UKHW021028200726
13857UKWH00004B/1650

9 782013 027656